DES POINTS D'APPUIS

INDIRECTS

DANS LA CONSTRUCTION DES BATIMENS;

PAR CHARLES-FRANÇOIS VIEL,

ARCHITECTE DE L'HOPITAL GÉNÉRAL, DE LA SOCIÉTÉ LIBRE
DES SCIENCES, LETTRES ET ARTS DE PARIS.

A PARIS,

CHEZ { L'AUTEUR, RUE DU FAUBOURG S. JACQUES, N°. 123.
{ PERRONNEAU, IMP.-LIBRAIRE, RUE DU BATTOIR, N°. 3.

AN IX. (1801).

DES POINTS D'APPUIS

INDIRECTS.

Parmi les moyens les plus opposés à la grande manière de bâtir,
et que rejette la saine doctrine de la construction, ceux des points
d'appuis indirects, dont le règne prend aujourd'hui une nouvelle vi-
gueur, méritent une attention particulière, parce que leur emploi
expose aux accidens les plus graves; et quoique dans ce chapitre je ne
m'attache à en démontrer le vice que dans de grands exemples,
néanmoins les observations qui le composent sont applicables à toutes
les espèces de bâtimens où ces moyens indirects pourroient être mis en
œuvre. Il y aura donc lieu de tirer de ce travail des conséquences
utiles pour les constructions les plus importantes et celles ordinaires,
que le service public ou particulier peut exiger.

L'art de construire les édifices est, comme je l'ai dit (1), intime-
ment lié à leur ordonnance, et sa perfection est subordonnée à celle
de cette première partie de l'architecture. Une telle dépendance prouve
que l'on chercheroit en vain quels ont été, chez les différens peuples,
les progrès de la science de la construction des édifices, depuis les
tems les plus reculés jusqu'à nos jours; car les peuples barbares n'ont
créé aucun principe dans la construction ni dans l'ordonnance. Per-
sonne n'ignore que la plupart des nations, à compter de l'origine des

(1) Principes de l'ordonnance, etc.
Chapitre XXXIV, page 200.
Chapitre XXXVI, page 209.

Chapitre XLI, pages 234 et 235.
Décadence de l'architecture à la fin du
dix-huitième siècle, page 10.

A 2

sociétés, ont peu cultivé les arts de goût, et dès-lors l'architecture. Il est constant aussi, que là, où la composition des édifices n'a pas eu de succès, la construction n'a pas été perfectionnée.

D'ailleurs, quelles instructions prendroit-on sur l'art de bâtir, dans les monumens ou dans les écrits de la plus haute antiquité, et dans ceux faits jusqu'à nos jours, sans distinction d'âges?

D'abord, les bâtimens les plus anciens n'offrent dans leurs ruines que la forme de leurs plans et l'espèce de colonnes qui y étoient employées; les proportions respectives et l'union entre les parties qui les construisoient, ont disparu. Quant aux monumens élevés à des époques où l'Europe étoit redevenue barbare, ils sont d'un dangereux exemple; ce que je démontrerai bientôt.

Ensuite : un seul ouvrage sur l'art, chez les anciens, celui de Vitruve, nous a été conservé, et cet architecte florissoit sous le règne d'Auguste. Pour ce qui est des écrivains des tems les plus reculés, qui se sont plû à décrire les édifices qu'ils avoient sous les yeux, ils ne font nullement connoître quelle en étoit la véritable structure; ces auteurs n'étant point architectes, ne pouvoient juger le mérite ou le défaut du mécanisme des mêmes bâtimens.

Il résulte de ces réflexions, qu'il est inutile de fouiller dans les annales du monde pour y découvrir les moyens que tous les peuples ont employés dans la construction des édifices. C'est au petit nombre des nations qui se sont illustrées dans les arts, que nous devons encore la vraie science de bâtir. Chez les anciens, les Grecs et les Romains ont seuls exécuté des monumens propres à une instruction complette dans toutes les parties de l'architecture. Chez les modernes. les Italiens, les Français, et quelques artistes Anglais (1) ont seuls érigé de grandes et nobles fabriques que nous devons étudier (2).

(1) Inigo Jones, Wren et Chambers.   fin du dix-huitième siècle, pages 26 et
(2) Décadence de l'architecture à la   27.

Les architectes de l'antiquité savante, jusqu'aux premiers siècles de l'ère chrétienne, marchèrent progressivement vers la perfection dans l'ordonnance des bâtimens et dans la science de la construction. Pour ne citer que quelques exemples à l'appui de cette proposition, je dirai que les théâtres et les amphithéâtres de la Grèce, ceux de l'Italie, élevés par les anciens à des tems très-éloignés l'un de l'autre, offrent dans leur ordonnance, une gradation vers la plus heureuse harmonie, et dans leur construction une perfection réelle; les masses puissantes qui les composent en points d'appuis directs, forment dans ces édifices une seule espèce d'architecture, quoiqu'avec des variétés qui en distinguent les caractères propres à chacun d'eux. Mais à compter du deuxième au quinzième siècle, les peuples s'abandonnèrent à leurs caprices dans l'invention des édifices (1), et ne les construisirent plus que d'une main incertaine. Les monumens dont il reste encore des vestiges, et ceux qui subsistent entiers, tous érigés pendant quatorze cents ans, sont la preuve de cette marche rétrograde de l'architecture.

En effet, le mauvais goût qui s'introduisit dans cet art, dès le deuxième siècle de l'ère vulgaire, ne fit que s'accroître (2); et dans le sixième, sous le règne de Justinien, époque à laquelle cet Empereur fit reconstruire le temple de Ste. Sophie, à Constantinople, les architectes avoient totalement abandonné l'imitation des beaux modèles. L'on reconnoît dans ce monument, que l'oubli des vrais principes a été la cause des plus grandes licences dans son ordonnance et dans sa construction. Là, on y voit des porte-à-faux les plus grossiers (3); ailleurs des masses énormes où les matériaux ont été prodigués. L'église de S. Marc, à Venise, rebâtie à la fin du douzième siècle, est un exemple semblable de déraison dans l'ordonnance et de profusion

(1) Principes de l'ordonnance, etc. Chapitre X.
(2) Principes de l'ordonnance, etc. Chapitre X. page 67.

(3) Temples anciens et modernes. Page 170.
Paris, chez Musier, 1774.

dans l'emploi des matériaux. Les bâtimens gothiques construits dans un système différent, n'offrent rien de plus heureux. Telles on voit la cathédrale de Milan (1), l'église Ste. Marie, à Trèves (2), la cathédrale de Strasbourg (3), celle de Paris (4), de Rheims (5), et l'église de l'abbaye de S. Denis en France (6). Parmi ces divers monumens, le premier et le second sont de la plus légère construction, et le dernier leur est comparable dans son extrémité orientale.

Cet exposé de la construction des bâtimens anciens aux beaux tems des arts, et de celle des bâtimens érigés aux siècles de l'ignorance, devient une preuve frappante de cette liaison que je soutiens exister entre l'ordonnance et la construction des édifices. Ce n'est donc point la manière de bâtir que l'on voit dans Ste. Sophie, à Constantinople, dans S. Marc, à Venise, ni celle des temples gothiques qu'il faut imiter; cependant ces derniers méritent de fixer l'attention de l'architecte, parce qu'ils sont d'une espèce particulière de construction, dans laquelle on a introduit les points d'appuis indirects ou les arcs-boutans dont je veux faire connoître tous les inconvéniens contre la solidité. La gravure met entre les mains de tout le monde les dessins de ces mêmes temples que j'ai cités; le lecteur pourra les consulter pour mieux saisir l'application des observations suivantes.

L'architecture gothique considérée sous le rapport de la construction, consiste dans des plans dont la surface des parties qui les composent sont trop foibles relativement à leur espace et à leur élévation, d'où il résulte que ces parties constitutives de la construction, manquent de la solidité naturelle. L'exécution de pareils plans exigea en conséquence des moyens différens de ceux employés par les anciens.

(1) Si vendono in Milano, etc.

(2) Mémoires de l'Institut, troisième classe, tom. 11.

(3) Recueil de Tarade,

Paris, chez Jombert.

(4) Même recueil.

(5) Paris, chez Demortain.

(6) Paris, chez Mariette.

Au milieu des difficultés que rencontrèrent les architectes dans la construction de leurs dessins, la géométrie leur indiqua d'abord l'usage des arcs ogifs, dont la propriété est de n'avoir qu'une très foible poussée (1), et de procurer tout-à-la-fois un nerf puissant aux murailles où ils sont mis en œuvre. A ces premiers moyens ils furent obligés d'y faire concourir les arcs-boutans, sans lesquels les murs q i reçoivent les voûtes des grands édifices, ne se soutiendroient pas sur les bases qui les portent. Car, si l'on admettoit que les murs livrés à eux-mêmes, déchargés du poids des voûtes, et libres de l'action des arcs-boutans, pourroient encore subsister seuls par suite de leur structure, néanmoins il faudroit convenir qu'ils seroient exposés à être renversés par la plus légère secousse, à raison de leur trop foible épaisseur comparée à leur excessive hauteur.

Mais les arcs-boutans exigèrent une force complette dans les culées, et les architectes en gothique qui ne donnoient qu'une foible épaisseur aux murs d'enceintes de leurs bâtimens, furent obligés de les renforcer dans l'axe de ces arcs, ou par des éperons comme dans les cathédrales de Milan et de Rheims, ou par des murs de refends, comme dans l'église de Paris, etc. Il est donc évident que ces édifices tiennent leur solidité de la figure ogive qu'ont les arcades et les voûtes ; et tout-à-la-fois, des arcs-boutans qui sont des points d'appuis indirects ; donc de pareilles constructions ne sont qu'un véritable artifice.

Le temple de Ste. Marie *del Fiore*, à Florence, très-célèbre dans l'architecture gothique, resta longtems sans être terminé, par les obstacles que présentoit la construction de la voûte qui devoit réunir les quatre branches de la croix.

(1) En traitant, dans ma première partie, de l'espèce de l'architecture gothique, j'ai remarqué dès-lors, l'avantage qu'ont les voûtes ogives, de s'ériger sur leurs points d'appuis presque verticalement, et de n'exiger qu'une foible connoissance de la science du trait.

Principes de l'ordonnance, etc. Chapitre XI, pages 78 et 79.

Le plan tracé par le premier architecte, ne lui permit pas d'ériger dans la partie où devoit être le dôme, les arcs boutans nécessaires pour contreventer une voûte d'un diamètre de 130 pieds dans œuvre (1), semblable dans sa construction à celles des autres parties de l'édifice, qui toutes sont appuyées par des arcs-boutans; car c'étoit-là où se bornoit la science des constructeurs aux tems de la barbarie. C'est pourquoi les travaux de ce temple restèrent imparfaits.

Il étoit réservé à l'architecture antique de donner des moyens efficaces pour son achevement, sans le concours des points d'appuis indirects. En effet, Brunelleschi, ce grand homme, né à la fin du quatorzième siècle, inspiré par son génie, reconnoît que le plan existant de Ste. Marie des fleurs, offre des ressources pour la construction d'un dôme, le désespoir de tous ceux qui jusqu'alors avoient tenté de l'ériger. Brunelleschi, pour y parvenir, se rend à Rome (2) et s'y livre à l'étude la plus approfondie du mécanisme de la construction des monumens de l'antiquité. De retour dans sa patrie, il médite la composition de ce dôme; les formes d'un soubassement et de deux voûtes inscrites s'offrent à sa pensée, il fait ce soubassement peu élevé pour lui donner plus de force et le mettre en proportion avec le reste de l'édifice; il donne dans le même esprit, la forme elliptique à la coupole, figure qui se rapproche davantage de celle ogive, et qui reporte l'action du poids de la construction assez près de la verticale; et les deux voûtes inscrites unies entre elles par les moyens les plus ingénieux, eurent des points d'appuis directs, selon les procédés des anciens. L'existence intacte de ce dôme depuis trois siècles, prouve la justesse des combinaisons de notre architecte; elle prouve encore que la vraie science de la construction ne se trouve que dans les monumens de l'antiquité, et dans ceux faits sur les mêmes principes.

(1) Temples anciens et modernes. Page 206. Page 204.
(2) Temples anciens et modernes. Vies des architectes, par Pingeron, tom. I, pages 189 et 190.

J'ai

J'ai dit que la figure des voûtes ogives adoptée par les architectes en gothique, étoit puisée dans la géométrie, science qui détermine les propriétés des angles curvilignes de ces voûtes. C'est la géométrie qui a dirigé l'appareil, quelque simple qu'il soit, des claveaux qui les composent ; c'est elle qui a fixé, par des ordonnées, les différens points de centre de la coupe de chacun d'eux. Donc la nécessité seule est le principe de l'usage des arcs ogifs dans les constructions gothiques, à raison de toutes les facilités d'exécution qu'ils procuroient ; mais selon le génie particulier des artistes, ils ont varié leur composition dans les plans, dans les détails et dans la décoration des édifices. Ainsi, ils traçoient le plan d'un temple sous la forme d'une croix grecque ou d'une croix latine ; la distribution en étoit composée de piliers solitaires, ronds ou carrés ; quelquefois c'étoient de petits cylindres groupés en faisceaux ; enfin toute autre forme que le caprice leur suggéroit.

J'ai avancé précédemment, que les arcades et les voûtes ogives n'avoient qu'une très-foible poussée sur leurs points d'appuis. Un fait que j'ai constaté démontrera la vérité de cette proposition.

L'on démolissoit en 1797, l'église des Jacobins, rue S. Jacques, à Paris ; son plan parallélograme consistoit en deux grandes nefs formées par une file de piliers ronds, surmontés par des arcades ogives, dont la naissance, ce qu'il faut observer, étoit perpendiculaire aux piliers, et sur elles s'érigeoient des murs portant avec ceux de l'enceinte, les combles de l'édifice, dans lesquels étoient inscrites des voûtes faites en planches.

Dans le cours de la démolition, alors que les murs des extrémités vinrent à être détruits, la file de piliers ronds resta immobile ; non-seulement il ne se fit aucune rupture dans la suite des arcades qu'ils portoient, mais celles à chaque bout qui étoient rompues, conservèrent dans leur arrachement la presque totalité des claveaux qui les cons-

B

truisoient. J'observai de plus, que ces claveaux soutenoient en encorbellement une partie considérable du mur supérieur , et au-delà de l'axe de ces mêmes arcades; circonstances qui tendoient d'autant plus à la destruction de celles intermédiaires qui cependant n'en éprouvèrent aucune altération.

Les piliers de cet édifice, distans de trois toises d'axe en axe, avoient trois pieds de diamètre; leur hauteur étoit dix-huit pieds neuf pouces; celle des arcades , sous clefs , douze pieds six pouces, et le mur supérieur avoit trente-sept pieds d'élévation au-dessus du pavé du temple (1).

Un tel exemple indique la mesure de la puissance des masses relativement aux espaces intermédiaires dans les constructions où les arcs ogifs sont mis en œuvre , et de cette mesure , il en dérive pour la pratique des applications utiles et plus certaines que celles que pourroient donner les meilleures théories.

Il étoit naturel de penser qu'à compter du quinzième siècle, après le retour vers l'architecture des anciens, en abandonnant le genre gothique , l'on auroit proscrit dans les édifices les points d'appuis indirects, et dès-lors les arcs-boutans. Cette révolution desirable se fit dans la plus importante fabrique qui ait été entreprise par les nations modernes; je veux dire la basilique de S. Pierre, à Rome; car c'est dans ce temple, qui n'a pas eu son pareil par son immensité, chez les anciens; c'est dans S. Pierre où les Michel-Ange et les Vignole ont mis en œuvre tout ce que les vastes constructions des amphithéâtres et des thermes leur offroient de moyens de solidité (2); mais cet heu-

---

(1) Ce fragment de construction gothique sera joint à la collection de mes planches publiées.

(2) Recueil de Tarade, Paris chez Jombert.

Recueil de Dumont , Paris 1763.
Templi Vaticani historia, Romæ 1696.

reux exemple ne fut point imité dans le plus grand nombre des monumens érigés depuis quatre siècles; au contraire, de nos jours, par suite de cette attraction fatale qui rappelle vers l'architecture gothique, et que j'ai fait connoître dans mon dernier ouvrage (1), les arcs-boutans, les points d'appuis indirects de toute espèce, sont admis de préférence dans la construction des édifices publics. La preuve de ce que j'avance se trouve dans les ponts construits en France depuis cinquante ans, qui ne tiennent leur solidité que de la force des culées (2). Ce sont des arcs-boutans qui contre-ventent les voûtes des nefs du Panthéon français; monument qui d'ailleurs ne se soutient dans ses parties les plus importantes, que par des forces secondaires (3). Ce sont des arcs-boutans qui font l'essence de plusieurs des projets publiés pour la restauration des piliers du dôme de ce temple. Ainsi, lorsque l'Europe étoit barbare, les architectes, qui ne connoissoient plus que les propriétés de quelques figures de la géométrie, se livrèrent aux points d'appuis indirects dans la structure des édifices, et aujourd'hui qu'une foule de gens prétendent être parvenus à la plus haute perfection dans les arts et dans les sciences, les points d'appuis indirects, manière ignorante de bâtir, ont pris une nouvelle faveur.

Mais pour fixer davantage l'attention du lecteur sur les idées que je publie contre les arcs-boutans, je demanderai ce qu'on penseroit en voyant un architecte qui au lieu de donner aux murs d'une maison qu'il construiroit, les épaisseurs convenables, préféroit de les consolider par des contre-fiches de charpente faciles à remplacer lorsque le tems viendroit à les détruire? Assurément un tel procédé lui attireroit le blâme de tous les gens sensés, et une police éclairée s'y opposeroit. Cependant, l'exemple supposé est le même que ceux des

(1) Décadence de l'architecture à la fin du dix-huitième siècle.

(2) Principes de l'ordonnance, etc. Chapitre XXXV, page 203.

(3) Je traiterai plus en détail, dans la suite, de es forces secondaires que j'ai déja fait remarquer dans ma premiere partie : Principes de l'ordonnance, etc.

édifices où sont employés des arcs-boutans ou points d'appuis indirects quelconques; il n'y a de différence que dans la nature des matériaux.

Examinons maintenant si l'emploi des arcs-boutans expose à de véritables dangers.

Tous les architectes instruits conviendront que si dans un édifice, tel, par exemple, Notre-Dame de Paris, l'on y supprimoit un ou plusieurs des arcs-boutans qui soutiennent les élévations de ce temple, la voûte écrouleroit dans les travées où ces moyens intermédiaires de solidité n'existeroient plus; effet certain dont je vais donner un exemple qui prouvera le besoin de la surveillance la plus active pour l'entretien des arcs-boutans, soit de ceux à découverts, soit de ceux abrités par des combles qui eux-mêmes exigent des réparations continuelles; ces arcs restant toujours exposés à une destruction brusque et rapide, par mille causes diverses.

L'église des Bernardins, à Paris, démolie depuis peu d'années, étoit toute entière d'une construction gothique; la grande voûte établie sur des murs très-élevés, étoit contre-ventée par des arcs-boutans. La maison conventuelle dont ce temple faisoit partie, fut, en 1790, donnée par le gouvernement pour l'usage des orphelins connus sous la dénomination d'enfans du S. Esprit. Architecte de l'hospice, je fus à portée d'étudier la construction de l'église; je reconnus alors, que les arcs-boutans étoient dans un état de dégradation considérable, par suite de la négligence à les entretenir. Les circonstances ne permirent point de les réparer; aussi en 1795, plusieurs de ces arcs vinrent à se rompre, et un nombre égal de travées des voûtes s'écroula dans la hauteur de l'édifice. Si ce temple n'eût pas été démoli aussitôt après cette catastrophe, il seroit devenu un amas de décombres, sans employer la main des ouvriers.

Que l'on cesse donc de vanter la légèreté et tout-à-la-fois la solidité des édifices gothiques, car si l'origine de certains d'entre eux compte douze cents ans de construction, durée bien inférieure à celle des bâtimens des anciens dont nous jouissons encore, ils ne la doivent qu'à la surveillance, pour les entretenir, de ceux qui en étoient les possesseurs.

Nous ne devons pas être étonnés d'avoir vu disparoître à Paris, en moins de six années, les grands temples de S. Jacques-de-la-Boucherie, de S. Paul, de S. Jean-en-Grêve, etc., qui tenoient leur solidité de points d'appuis indirects; s'ils eussent été construits à la manière des anciens, il auroit été impossible de les détruire avec autant de rapidité. C'est le sort de toute construction dont la durée dépend de moyens indirects et artificiels.

Je ne crains pas que l'on oppose à mes principes contre l'emploi des formes gothiques, celui que j'ai fait moi-même dans les aqueducs souterreins du grand égoût de Bicêtre, dont les voûtes sont de figure ogive. Je suis au contraire parfaitement d'accord avec eux, puisque ces voûtes, comme je l'ai dit, ont une force supérieure à toutes les autres espèces, et que leur appareil est aussi le plus simple. J'ai donc dû adopter l'ogive de préférence dans la construction de mes aqueducs : j'ai pu, à l'aide de cette espèce de voûte à son insertion avec le cône, où se fait la chute des eaux, employer des voussoires en pierre de roche, de 80 pieds cubes, sans tas de charge qui en auroient affoibli le volume. De plus, les voûtes intérieures construites en grès, soumises aux mêmes coupes, ont acquis dans leurs reins, la force nécessaire pour soutenir le poids énorme de 60 pieds de bancs de pierre rompus et de terres massives qui existent au-dessus jusqu'au sol des champs (1). Voilà pourquoi les voûtes ogives devoient

(1) Je traiterai de ce monument dans un chapitre particulier ; les plans, les coupes et les élévations en seront gravés.

être appelées dans cette vaste construction , pour laquelle il falloit tous les moyens de force que l'art de bâtir peut procurer.

J'ai fait encore usage de l'arc ogif, comme l'espèce de décharge la plus puissante, dans la construction du pavillon *est*, *nord* du grand bâtiment de l'hôpital de la Pitié, sur la rue du Jardin des Plantes (1). L'un des murs qui le composent a 72 pieds de hauteur, 3 pieds d'épaisseur , auquel sont adhérens des piedroits de voûtes d'arêtes dans les caves : le terrein mobile nécessitoit cet arc, qui est fondu, pour ainsi dire, dans le corps du mur.

Les explications particulières que je viens de donner , font assez connoître combien les arcs ogifs sont d'une ressource précieuse pour la solidité des bâtimens ; mais aussi elles indiquent qu'il ne faut les mettre en œuvre que dans les parties qui les exigent absolument; ils ne doivent servir dans les constructions, que de nerfs pour en unir plus fortement les parties principales , et ne jamais entrer comme élémens dans l'ordonnance des édifices.

Je crois avoir suffisamment démontré dans ce discours, que la différence qui existe entre les constructions des gothiques et celles des anciens, résulte de la différence de l'espèce de leur architecture. Or, comme la supériorité appartient aux Grecs et aux Romains dans l'art d'ordonner et de construire les édifices , il faut n'étudier que leurs ouvrages sous ce double rapport, et non pas ceux de toutes les nations. Il faut , à l'exemple de ces deux peuples ingénieux et savans , n'employer que des points d'appuis directs dans tout bâtiment que l'on érige pour la postérité la plus reculée. Il faut enfin se pénétrer de l'importante vérité : que l'association de diverses espèces. d'architec-

(1) Voir la planche des fondations de   publiées.
cet édifice dans le recueil des planches

ture dans un monument, nécessite celle de diverses espèces de construction, ce qui en compromet la beauté et la solidité. Les exemples les plus remarquables en ce genre d'édifices, sont les ponts modernes et le Panthéon français,